玉村豊男
Tamamura Toyoo

ぼくのワインが
How to Become a Wine Grower
できるまで

東京書籍

もくじ

- 6　飛行機のオリーブ
- 7　パリ大学の食堂で
- 8　人がワインと出会うとき
- 9　お酒は人にならうもの
- 10　飲むか
- 11　造るか
- 12　ワインを造りたい人が増えている
- 13　ワイナリーオーナーになるために
- 14　土地を探す
- 15　骨を埋める
- 16　農地を手に入れる
- 17　ブドウの樹の寿命
- 18　苗木を買う
- 19　苗を植える
- 20　育てるブドウの品種を選ぶ
- 21　苗はかならず接ぎ木をする
- 22　与えられた土地
- 23　垣根づくりの畑
- 24　どんな土地でもブドウは育つ
- 25　たがいに競わせ厳しく育てる
- 26　剪定
- 27　誘引
- 28　ブドウは新しい梢に実る
- 29　収穫量とワインの味
- 30　新芽が出る
- 31　小さな果実
- 32　ファーストヴィンテージ
- 33　果粒は小さいほうがいい
- 34　葉が繁る夏
- 35　雑草と害虫
- 36　雨が降ると病気が出る
- 37　コウモリガの幼虫な
- 38　ボルドー液
- 39　スピードスプレイヤー
- 40　無農薬栽培
- 41　消毒用機材
- 42　ヴェレゾン
- 43　収穫のとき
- 44　醸造を委託する
- 45　ワイナリーを建てる

46	醸造ができる人	66	タンクと樽
47	ワイングロワー	67	コルクの栓
48	空飛ぶワインメーカー	68	熟成という不思議な現象
49	ワインは農家が造るもの	69	スクリューキャップ時代
50	ワインの名前を考える	70	ワインに値をつける
51	ワイナリー経営を考える	71	ボトリングトラック
52	ワイン特区と表示ルール	72	日本ワインは高いのか
53	マーケティング戦略とは	73	注目される次世代産業
54	除梗破砕機	74	風景の中でワインを飲む
55	果汁プレス	75	楽しいワインヴィレッジ
56	梗は残すか捨てるか	76	ワイナリー観光は農業を訪ねる旅
57	足で踏むように搾る	77	ライフスタイルワイナリーの集積
58	発酵の化学	78	舵のない小船で漂う旅
59	酵母の選定	79	イラストのみ
60	白いワインと赤いワイン	80	ワインは飲むより造るほうが100倍面白い
61	昔はみんな自然派だった		
62	ワインと硫黄の関係	82	あとがき
63	近代化で喪ったもの		
64	亜硫酸塩を添加する		
65	どこまで昔に戻るか		

ぼくのワインが
How to Become a Wine Grower
できるまで

飛行機のオリーブ

22歳のとき、フランスに向かう飛行機の中で、
生まれて初めてオリーブを食べました。
後にも先にも、こんなにマズイものは食べたことがない
……と、そのときは思いました。

パリ大学の食堂で

パリ大学の学生食堂では、
前菜からデザートまでの食事が、安い値段で食べられました。
そのうえ食券を渡すときに何十円か余計に払うと、
ワインの小瓶が買えるのでした。

人がワインと出会うとき

私が最初にワインを飲んだのは、いつだったか、覚えていません。学生の頃は、女の子とデートするときはカクテルで、仲間と飲むときは、安いウイスキーか焼酎でした。ワインは親戚の結婚式のときに、ビールや日本酒といっしょに出てきたかもしれません。

フランスへ向かう飛行機には、当然ワインもあったはずですが、飲んだかどうか記憶にありません。ただ、おつまみとして出されたオリーブを一口食べたときには、ゲッ、と吐き出しそうになりました。なんと形容したらいいかわからない、受け入れ難い味だったからです。

人は、人生のどこかでワインと出会います。出会っても覚えていないか、渋いとか酸っぱいとかいうあまりよくない記憶が残るかで、最初から「おいしい」と感じる人は、案外少ないのではないかと思います。でも、そのあとで、何回目かのワインを口にしたとき、突然、ワインに目覚める機会が訪れる……という人が、たくさんいます。どんなかたちで出会うにせよ、その日から、人生はそれまでよりずっと楽しくなるでしょう。

最初はマズイと思ったオリーブも、それから間もなく大好きになりました。人の嗜好は、慣れることによって変わります。食べているうちに、飲んでいるうちに、だんだん美味しさがわかってくる。いまでは飛行機に乗ると、カクテルに入れる種なしオリーブを数個もってきてほしいとアテンダントにお願いして、食前酒のおともにするのが習慣になりました。

お酒は人にならうもの

お酒は人にならうものです。最初からひとりでお酒を飲みはじめて、それが習慣になる人は、めったにいません。誰かに誘われて、奨められて、なんとなくこわごわと口をつける。最初の出会いは、そんなふうにはじまるのです。日本ではまだまだワインを飲む人が少ないので、ワインの楽しみを知った人は、知らない人にぜひ教えてあげてください。

ワインは毎日飲むものだ、と私に教えてくれたのはフランス人です。50年前のフランス人は、いまの3倍もワインを飲んでいました（その頃の日本人が、いまの3倍も日本酒を飲んでいたように）。食事をするときはかならずワインを飲み、ワインを飲みながらおしゃべりをする。勉強をサボって途中から放浪旅行をはじめてしまった私にとって、ワインと会話が食事の楽しみであることを学んだのが、フランス留学（？）の最大の成果でした。

いま、世界中の、これまでワインを知らなかった国で、ワインを飲む人が増えています。逆にフランスのような伝統的なワイン生産国では、安いワインを毎日飲む代わりに、ちょっといいワインを週末に仲間と楽しむ、という人が増えています。

ワインは特定の国に限られた文化ではなく、また、酔うために飲むお酒でもなく、人と人とを繋げるコミュニケーション・ドリンクなのだということに、世界中の人たちが気づきはじめているのです。

飲むか

ワインの国民一人当たり年間消費量は、
日本が4本、フランスが40本。
私は毎週4本で年間200本。自分では高いワインは買いませんが、
人がご馳走してくれればよろこんでいただきます。

造るか

ワインが好きで飲んでいるうちに、
自分で造りたくなってしまう人がいます。
高いワインを買って飲むにはおカネがかかりますが、
自分でワインを造ろうとすると、もっとおカネがかかります。

ワインを造りたい人が増えている

フランス、イタリア、地中海沿岸諸国やチリなどの伝統国に続いて、カリフォルニアを筆頭とするアメリカ合衆国の各州、さらにニュージーランドやオーストラリア、南アフリカなどでワイン産業がブレークし、いまでは中国やインドやタイでも上質なワインが造られるようになりました。こうした世界の潮流に棹差して、日本でも近年ワイナリーの新設が目立ちます。

地球温暖化の影響で環境が変わる中、日本では長野県や北海道などの標高の高い冷涼な土地にブドウを植え、自分が育てたブドウでワインを造りたい、という人が増えているのが特徴です。それも、人生の途中でそれまでのキャリアを辞し、達成感のある仕事と手触りのある暮らしを求めて「ライフスタイルとしてのワイン造り」にチャレンジする人たちが、家族だけで営むようなマイクロワイナリーを続々と立ち上げています。

春から秋まで一滴の雨も降らないような外国のブドウ産地では、地球温暖化によって気温が高くなり、ブドウの糖度が上がって困っています。糖度が上がるとワインにしたときにアルコール度数が強くなり過ぎ、微妙な風味を感じにくくなるからです。雨の多い日本ではブドウに病気が出やすいので栽培に手間がかかりますが、そのぶん繊細でやさしい味のワインができるという利点があり、これから外国でも評価が高まると思います。

ワイナリーオーナーになるために

ワイナリーのオーナーといえば、世界では大金持ちと決まっています。事業を当てて大儲けした実業家や、引退した有名プロスポーツ選手が、趣味と名誉のためにワイナリーを所有する……というイメージがあるので、私が外国で「ワイナリーオーナー」という肩書の名刺を見せると、みんなびっくりします。が、実は日本のワイナリーオーナーのほとんどは、びっくりするほど貧乏です。

ワイン農業（ワインを造るためのブドウを栽培する）は、世界ではいちばん古い農業ですが、日本ではいちばん新しい農業なので、まず使える土地を探すことからはじめなければなりません。日本のワイン産業は微々たるもので、基盤を支える周辺の環境も整っていないので、個人でワイナリーを立ち上げようとする人たちは必要な建物や機械や備品をすべて自力で揃える必要があり、最低でも数千万円の借金を抱えてスタートするのがふつうです。

死ぬまで少しずつ借金を返しながら、それでも本当に自分がやりたい仕事に夢中で取り組み、充実した人生を送りたいと願う人。日本のワイナリーオーナーはそんな人たちですが、そのために安全なキャリアを捨てたにもかかわらず、毎日嬉々として慣れない労働にいそしみ、清貧に甘んじながら、誰も自分の決断を後悔していないのが不思議です。

土地を探す

このあたりにブドウ畑をもって、ワインを造りながら暮らしたい、
と思う土地を、まずは心に定めましょう。
それが自分に縁のある土地でもない土地でも、
新しい人生は新しい革袋に……

骨を埋める

ブドウの樹は人間と同じくらい長生きなので、
一度その土地にブドウの苗木を植えた人は、
途中で後継者を見つけて、
死ぬまでその傍らで暮らすことになります。

農地を手に入れる

農業を営む人口はどんどん減っているので、どの地域でも荒廃農地（耕作放棄地）が増えています。が、それならどこでもすぐに使える農地が見つかるかというと、そうではありません。後継者がいない農家の老人でも、農地を売るのはもちろん、貸すのも嫌だという人がたくさんいます。貸してもいいよ、といってくれる人でも、2〜3年ならいいが10年は困る、という人がほとんどです。ブドウは長生きですから、20年ごとに更新できるような、長期の借用が望ましいのですが。

農地を手に入れる（買うか借りるかする）には、農家の資格が必要です。そのためには、まずその地域を管轄する市町村の役場に行って、「新規就農」の手続きをしなければなりません。いま仕事をもっている人がそれを辞めて農業をはじめたいと言うと、「そんな収入があるのに、なんで好き好んで農業なんかやるの？」と言われて、窓口の担当者から相手にされないのがふつうです。まずは、その関門を突破するのが最初の試練でしょう。

市町村によっては、新規就農を願い出た人に、役場や農協が使える農地を紹介してくれる場合もあります。そうでなければ地元の人に聞くなどして農地を貸してくれる人を探し出し、直接談判することになります。ワインを造りたい人たちが多く集まっている地域では、熱意を快く受け入れてくれる農家も増えているようです。

ブドウの樹の寿命

ブドウの樹は50年から80年のあいだ生き続けます。果樹は30年を過ぎると生産量が落ちるので、伐採して新しい苗木に更新するのがふつうですが、ワインは歳を取った樹に実るブドウから造るほうがおいしいので、ヴィエイユ・ヴィーニュ（古いブドウ樹）が珍重されるのです。血気盛んな若いうちはたくさんの実をつけるが、ワインにすると、まだ味が薄い。生産量が落ちる頃からようやくいい味が出はじめて、歳を取るにつれて価値が上がる……と聞くと、元気が出る人も多いでしょう。

「勤勉なる農夫は、みずからその果実を見ることのない苗を植える」というラテン語の諺がありますが、ブドウを育ててワインをつくるという仕事は、一代で終わるものではありません。だから逆に言えば、自分の後を継いでそのブドウ畑の面倒を見てくれる人さえいれば、何歳からはじめても同じ、ということになります。

実際、定年後から栽培醸造の勉強をはじめて古稀までに自分のワインを造りたいという人や、経済的に余裕がある自分がワイナリーを建ててから子供の世代に引き継ぎたい、子供がいないので将来はワイナリーを他人に譲って老後の資金にしたいなど、さまざまなケースが生まれています。まだ日本では、できあがったブドウ畑やワイナリーを売買する例は多くありませんが、将来は増えていくと思います。

苗木を買う

畑にする土地が決まったら、
育てたい品種の苗木を、専門の業者に発注します。
苗木が届くのは、発注から約1年後。
いまは苗木が不足しているので、
もう少し時間がかかるかもしれません。

苗を植える

まだ鉛筆くらいの太さしかない苗木を、
穴を掘って埋めていきます。
本数が多いと結構たいへんな作業になりますが、
ワイン仲間に声をかければ、
みんなよろこんで手伝ってくれるでしょう。

育てるブドウの品種を選ぶ

どんなワインを造りたいかによって選ぶ品種は違ってくるわけですが、その土地の自然条件によって栽培できる品種が限られることもあります。もちろん日照はできるだけ多く、雨量はできるだけ少ないに越したことはありませんが、品種の選定に影響するのは気温（標高による変化も含めて）です。白ワインのブドウは冷涼な土地で育ちますが、赤ワインのブドウはもっと温度が必要です。赤ワインの品種ではピノ・ノワールがもっとも早熟で、メルローがそれに次ぎ、カベルネやシラーはさらに温暖な気候を好みます。

上に挙げた品種は、どれも欧州系ヴィニフェラ種の仲間です。ヨーロッパはもちろんアメリカでもアジアでも、ワインはヴィニフェラ種のブドウから造るのが常識なので、世界に通用するワインの味を求めるなら、世界の常識に従うのがよいと思います。日本ではこのほかに、生食用・ジュース用のアメリカ系品種（ナイアガラ、デラウェアなど）、アメリカ系と欧州系のハイブリッド種（ブラッククイーン、マスカット・ベーリー A など）、日本在来のヤマブドウおよびそのハイブリッド種など、さまざまなブドウからワインが造られています。

おもに山梨県で栽培される「甲州」という品種は、古い時代に大陸から伝わったヴィニフェラ種が日本で土着化したものですが、最近はその特徴を生かす醸造法が研究されて、日本独自の品種によるワインとして注目されています。明治時代に長野県で発見された「龍眼（善光寺ブドウ）」も、同じく大陸から伝来したヴィニフェラ種です。

苗はかならず接ぎ木をする

ワイン用のブドウ苗は、台木に穂木を接いでつくります。穂木というのは、冬の剪定のときに切り取る（収穫が終わって落葉した）枝の、小さな断片。これを台木（の同じく断片）に挿し込んで接ぎ木するのですが、穂木にはつくりたいヴィニフェラ種のクローンを選び、台木にはアメリカ系の（台木専用の）品種を選ぶのがふつうです。ヴィニフェラ種にはフィロキセラ（ブドウネアブラムシ）という天敵がいて、この虫が根に入ると樹が枯れてしまいます。フィロキセラはもともとアメリカにいた虫なので、アメリカ系の品種には耐性があり、だから根だけはアメリカ系にするのです。

接ぎ木の技術を習得すれば、苗は自分でつくることもできます。ただ、接ぎ木をした後の温度管理などが難しいのと、それなりの施設が必要なので、数多くつくるには専門の業者に発注するのがふつうです。接ぎ木をしたその年の幼い苗（ポット苗）は、すぐ外の畑に定植することも可能ですが、業者の施設で1年育ててもらってから自分の畑に植えるほうが、より確実に活着させることができます。

苗木が不足しているからといって、ヴィニフェラ種の枝をそのまま挿し木にするのは止めましょう。挿し木をすれば根は生えますが（自根栽培）、いつかかならずフィロキセラにやられます。150年前にヨーロッパで猛威を振るったフィロキセラは、現代の日本でもじわじわと増殖しています。

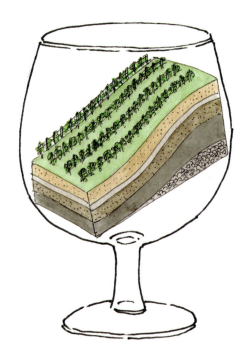

与えられた土地

幸いにもブドウを植えることのできる畑が見つかったら、
そこが与えられた運命の土地。
理想を求めて青い鳥を探すより、
その土地の個性をどう表現するかを考えましょう。

垣根づくりの畑

日本では古くからブドウを棚で栽培してきましたが、
世界では垣根のように一列に並べて植えるのがふつうです。
棚栽培は、土地を有効に使うためと、
枝にたくさんの果実をつけるためのやりかたです。

どんな土地でもブドウは育つ

理想の品種とクローンの苗木を、理想的な土質の畑で育てる……という理想を追っていたら、死ぬまでワインはできません。春から秋まで一滴の雨も降らない大地も、地中海沿岸のような石灰岩の地質も、日本にはないのです。幸いにもブドウを植えることのできる畑地が見つかったら、そこが自分に与えられた運命の土地なのだと思いましょう。

いま世界中でワインが造られているのは、「どんな土地でもブドウは育つ」ということがわかったからです。ワインはその土地の価値を表現するアートなので、与えられた土地の個性を素直に引き出すことがワインづくりの目標です。粘土か火山灰の地質、雨が多い気候、地域によって微妙に異なる多様な自然条件。そのどれもが、フランスでもチリでもカリフォルニアでもない、日本の、その土地ならではのワインを生み出すのです。

日本では（北海道を除いて）最初から大面積の農地を集約することは困難です。とくに長野県の山間地の場合、小さな区画をいくつか集めてようやく希望の面積に達する、というケースも多いでしょう。効率が悪く、作業にも不便ですが、地球温暖化で豪雨や降雹など異常な気象が局地的に突発することを考えると、たがいに離れた条件の異なる農地を複数もっていることは、むしろ積極的なリスクヘッジになると考えるのがよいと思います。

たがいに競わせ厳しく育てる

巨峰やマスカットなど生食用のブドウは、幹から四方八方に何本もの枝を伸ばし、棚でそれらの枝を支えながら、一本の樹にたくさんの果房を実らせます。が、ワインをつくるためのブドウは、生け垣をつくるようにたがいに近づけて一列になるように並べて植え、天辺も背の高さくらいのところで切り揃えます。樹間は1メートル前後、列と列との間はトラクターが通れるように2メートル半くらい開けるのが一般的です。

垣根づくりの畑では、トラクターが列と列との間を往復しながら動けるように、畑の周囲にも2メートル半以上の幅をもった通路が必要です。だから土地の面積が小さいと、通路に取られる面積の割合が大きくなって無駄が多い。その点、棚栽培なら土地の全面が畑に使えるので効率的。棚栽培が日本で定着したのは、そんな理由もあるのだろうと思います。

ワイン用のブドウ畑は、肥料は全然やらないか、やっても少量に止めます。むしろ痩せた土地の、わずかしかない栄養をたがいに奪い合う、厳しい環境で育てるのがよいのです。土に栄養があると、葉や枝ばかりが伸びて樹勢が強くなり、果実に栄養がまわりません。豊かな環境に置かれると、自分たちがラクをして楽しんでしまい、子供はどうでもよくなります。親の人生が厳しければ、せめて子供だけはと頑張るのです。

剪定

成木になったブドウの樹は、
夏は背よりも高く緑の葉が繁りますが、
秋に収穫が終わるとほどなく落葉して枝は裸になり、
しかもそれらの枝の大半は剪定によって根元まで切り落とされるので、
冬のブドウ畑には低くて黒い幹だけが整然と並んでいます。

誘引

剪定が終わり、春になって樹液がまわりはじめた頃、
直立している残された枝を地面と平行に曲げて、
水平に張られているワイヤーにテープで固定します。
これが誘引と呼ばれる作業です。
誘引が終われば、あとは芽吹きを待つばかりです。

ブドウは新しい梢に実る

ブドウの果実は、その年に伸びた新しい梢にしか実りません。だから成木になったブドウの樹は、収穫が終わって葉が落ちた後、裸になって伸びている何本かの枝を、1〜2本だけ残して、あとは全部、元のところまで切り落としてしまいます。どの枝を残すかで翌年以降の樹勢や樹形が決まってくる、これが剪定といわれる作業です。

剪定のときに、将来ブドウが実る枝（結果母枝）を何本残すかで、全体の収穫量が違ってきます。枝を1本だけ残すか、2本残して左右に伸ばすか、4本残して2本ずつ平行に伸ばすか……ブドウは生命力の強い植物で、放っておけば（もちろんその土地の力にもよりますが）たくさんの実をつけます。その量をどの程度コントロールするか、古くから剪定（仕立て）の方法についてはさまざまな研究がなされてきました。

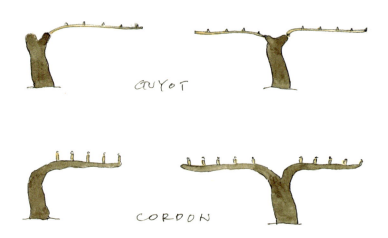

収穫量とワインの味

ワインはブドウのエッセンスを抽出するものなので、1本の樹が集めてくる栄養をできるだけ少ない数の房に集中させ、中身を凝縮させてやる必要があります。棚づくりで栽培する生食用のブドウは1本の樹に100房の実をつけても味に違いは出ませんが、ワインを造るときは、同じ樹に100房実らせた場合と、収量を制限して10房しかつけなかった場合とでは、明らかにワインの味が違ってきます。

1キロのブドウを絞ると、ワインボトル1本分（750ml）かそれに近い量の果汁が採れますが、ワインにする過程で目減りすることなどを考慮に入れると、平均して約1.3キロのブドウから1本（750ml）のワインができる、と考えてよいでしょう。樹間1メートル・列間2.5メートルの場合、1本の樹が占める面積は1坪弱なので、1ヘクタール（3000坪）なら3000～4000本の樹が植えられます。あとは1本の樹からどのくらいの量のブドウを収穫するかで、全体の生産量が決まってきます。

1ヘクタールの収量を5トンに制限して高価なワインを少し造るか、10トン収穫して倍のワインを造り価格を半分にするか……は、経営者であるワインメーカーの判断になりますが、収量は品種によっても、畑の条件によっても、また樹齢によっても異なり、そのうえ年による出来不出来もあるので、ケース・バイ・ケースの判断が求められます。

新芽が出る

暖かくなると、誘引された枝から固い芽がほころんで、
赤ん坊の掌が開くように、初々しい薄緑色の葉先があらわれます。
やがてそこから若い梢が天に向かってすくすくと伸びはじめ、
その新しい梢に、秋に収穫することになるブドウが実ります。

小さな果実

どんどん伸びる若い梢についている、
仁丹玉のようなブドウ型のミニチュアは蕾です。
花弁をもたないブドウの花が気づかれないうちに咲くと、
蕾はそのままのかたちで果実になっていきます。

ファーストヴィンテージ

苗木を植えてから2年ほどは、畑仕事はまだ忙しくありません。もちろん絶えず見まわりながら、消毒などの作業をする必要はありますが、この時期のいちばんの仕事は雑草取りでしょう。細い苗木の姿が雑草に隠れないように、周囲の草を注意深く（苗木を傷つけないように）刈りながら、ただ生長を待つ日々が続きます。

植えたその年を1年目とすれば、2年目にはいくつかの実が何本かの樹に実り、3年目にはある程度の量の収穫が得られます。幼い樹には余分なエネルギーを使わせないように、樹の生長を第一に考えてついた実は取ってしまうほうがよいのですが、やはり少しでもブドウができると早くワインにしたくなるのが人情で、少量でも醸造を引き受けてくれるワイナリーを探して記念のファーストヴィンテージ・ワインをつくる人が多いようです。

自分の畑の仕事がまだ少ないこの時期に、ほかのヴィンヤードを何か所も見て、手伝わせてもらえるところでは先輩の仕事を見て習いましょう。育てかたも作業のやりかたもいろいろなので、その違いを見ながら、自分の畑に応用できる手法や技術を身につけるよい機会です。また、醸造の現場を見る機会も積極的につくりたいものです。

果粒は小さいほうがいい

ワインにするブドウの実は、小さいほうがよいのです。ワインの香りや味わいの多くは果皮に含まれているので、果粒は小さいほうが相対的に果皮の占める体積が大きくなり、その分だけ風味が増すのです。生食用ブドウのように大きな果粒だと、中身から出る果汁ばかりが多いため、ワインにすると締まりのない味になってしまいます。ワイン用ブドウの果粒は、ビー玉（ラムネ玉）程度の大きさが平均的です。

もうひとつ、ワイン用のブドウと生食用のブドウは、含まれる酸の量が違います。糖（甘さ）と酸（酸っぱさ）はたがいに相反する関係にあり、酸があると甘さを感じにくくなります。果物は熟すまでは酸っぱいものですが、ある時点で急に酸が落ちて、甘さが際立つようになります。だからリンゴでもミカンでも、その時期を待って収穫するのです。

ところがワインにするブドウは、酸が落ちて甘さばかりになってしまうと、ボケた味のワインしかできません。糖度が十分に上がって、しかもそれに対抗するだけの酸もしっかり残っている状態が理想的な収穫のタイミングで、そのためには昼夜の寒暖差とか、高原の冷涼な気候など、特別な条件が必要になります。

葉が繁る夏

初夏を迎えると若い梢は急速に生長します。
繁る葉枝の世話に追われるこの時期は、
一年でいちばん忙しい時期といえるでしょう。

雑草と害虫

若いブドウの葉にはコガネムシが群がって穴を開け、
根元にはコウモリガの幼虫が入り込んで樹皮の内側を食い荒らす。
その間も、雑草は休みなく生長します。

雨が降ると病気が出る

若いブドウの梢は一日に6センチも7センチも生長し、あっという間に支柱の天辺近くにまで到達します。伸びる梢からは次々と新しい芽が出て、放っておくと葉が幾重にも重なり、しかも梢からは葉が出ると同時にツルが出て（ツルはかならず葉の反対側から出ます。果実が着く場合はツルの位置につきます）、そのツルが葉や枝に絡まってしまいます。

この時期の仕事は、脇から出る副梢が伸び過ぎたらカットすること。葉や枝に絡まったツルを切り取ること。葉が繁って重くなり左右に倒れそうになる梢を直立させて、両側のワイヤーの幅の中に収めること。最上段のワイヤーの上まで伸びてしまった梢の先を切り取って、天を揃えること。とくに葉が重なっているところは余分な葉を掻いて、日当たりと風通しをよくすること。畑の全体をようやく見終わったと思ったら、最初に見た箇所はもう元に戻っています。ヴィニュロン（ブドウ栽培者）の仕事には、まったく限りがありません。

葉が重なって風通しが悪くなると、そこに雨粒や湿気が溜まっていろいろな病気が発生します。雨が2日も続いたら、畑の全体を見まわって葉の裏をよく観察し、病気が出ていないかどうか調べましょう。

コウモリガの幼虫など

夏のあいだは雑草との闘いです。畑の周囲や柱列の間の雑草は鋼製の刃が回転するビーバー（電動刈払い機）で刈りますが、樹の根元の周囲の雑草は、手鎌で刈り取るかロープの回転で雑草を切る方式のビーバーを用います。面倒だからといって手間を惜しみ、雑草を刈るつもりで大事なブドウ樹の根元を切ってしまう事故は、毎年跡を絶ちません。

根元の雑草を刈り取ったら、樹皮にコウモリガの幼虫が巣食っていないかをチェックします。根元の近くの樹皮から、モロモロした茶色い粉のようなものが出ていたら要注意。粉をどけると小さな穴が見つかるので、その穴の中に強力な農薬を注入します。しばらくして白いイモムシのような幼虫が苦しくなって出てきたら殺します。この虫は、樹皮の内側を食いながら一周するので、放置しておくと太い古い樹でも完全に枯らされてしまう危険な存在です。

山間部の畑では、獣害にも警戒が必要です。ハクビシンはワイヤーを伝いながらブドウの果実だけを器用に食べ、シカは若い葉をムシャムシャ食いちぎり、イノシシは土や根を（ときにはブドウの樹そのものを）掘り返します。畑の周囲に電気柵を張り巡らしても、空からはムクドリやカラスが熟した果実を狙い、サルが来たらさらに対策は難しくなるでしょう。

ボルドー液

溶かした硫酸銅に消石灰を加えてつくる「ボルドー液」は、
古くからヴィニュロンが頼りにしてきた薬です。
生石灰に水を加えて消石灰にするときに立ち上る白煙は
かつて私がボルドー液を手づくりしていた頃の懐かしい思い出です。

スピードスプレイヤー

気温が高く雨が多いモンスーン型気候の日本では、
ブドウの完全無農薬栽培は不可能と考えたほうがよいでしょう。
いずれにせよ広い畑では、SS（スピードスプレイヤー）と呼ばれる
自走式液剤散布マシンが必要になります。

無農薬栽培

ヨーロッパと較べると、日本の畑の雑草の量はハンパではありません。それでも外国と違って日本では除草剤を使うヴィニュロンは少ないと思いますが、その他の農薬をまったく使わずに済ませることはきわめて難しいのが現実です。葉の上のコガネムシくらいは潰せばよいので、殺虫剤はなんとかナシでも過ごせるかもしれませんが、病気が出たらやはり殺菌剤を散布する必要に迫られるでしょう。

除草剤はもちろん殺菌剤も殺虫剤も使わない、春先に芽が出る前に散布する石灰硫黄合剤のほかはボルドー液（葉を固くして細菌への抵抗力を高める薬）だけしか使わない栽培方法は、合成農薬を使わない有機栽培と認定されています。山際から遠く風通しがよいなどの条件に恵まれた畑なら、最初のうちは苦労しても、成功することは可能です。

有機栽培といってもボルドー液は無機物で、しかも葉に白い斑点が残るので悪い印象を与えます。もっと有機的な液剤で病害虫を予防できないか、木炭をつくるときに出る木酢液や、ネギやニンニクやトウガラシの成分の抽出液など、さまざまな素材で試みがなされていますが、いずれはバイオ技術などを応用して、完全無農薬の有機ブドウ栽培が日本でも可能になることを期待したいと思います。

消毒用機材

ブドウの樹が小さいうちは、小型の消毒器を背負って一人で消毒します。成木になったら、小さい畑なら軽トラックの荷台に消毒液のタンクを積み、それに動噴（動力噴霧器）をセットして、一人が軽トラの上で動噴を操作し、そこから伸ばした長いホースの先端をもうひとりが手に持って列の間を歩きながら液剤を散布します。

畑が広い場合は、やはり SS が必要になるでしょう。従来の SS は、棚栽培のブドウや背の高いリンゴなどの果樹が並ぶ畑を消毒するためにつくられたものなので、薬液が上方にも勢いよく噴射されます。そのため消毒をする人は防護服を着て飛散する薬剤が自分に降りかかるのを防いでいました（昔の農家は農薬がからだにかかっても平気でした）が、昨今は農家の健康被害の面からも、キャビンつきの SS が推奨されるようになっています。

薬液を噴射する方式やノズルの構造も、垣根づくりのブドウ畑に対応するように改良が進んでいます。勢いよく噴射するのは風の力で葉の裏側にまで薬剤を届かせるのが目的ですが、霧のようなミストを静電気の力で葉裏にまで纏わせることができるようになれば、農薬を使うにしてもその量は相当減らすことができるでしょう。近い将来には、完全自動運転の無人 SS が開発されて、ヴィニュロンの健康を守ることになると思います。

ヴェレゾン

葉が伸びる勢いが収まる夏の終わり、
それまで硬くて青かったブドウの実が、少しずつ水を含んで膨らみはじめ、
ところどころに黄色や赤の果粒があらわれはじめます。
いよいよヴェレゾン（色変わり）の季節がやってきました。

収穫のとき

シャルドネやソーヴィニョン・ブランなどの白ブドウは、

青みが抜けて琥珀色に近くなれば収穫のとき。

ピノやメルローは、赤みが抜けて黒紫色になれば収穫です。

よく晴れた日に、仲間を誘ってみんなでブドウを採りましょう。

醸造を委託する

ブドウは収穫したらワインにします。が、果実酒製造免許がなければワインをつくることはできません。免許を取るには、醸造技術を習得すると同時に、所定の量のワインを造るに十分な機材と、それらを収める建屋（ワイナリー）を用意しなければならないので、時間とおカネがかかります。とりあえずは収穫したブドウを知り合いのワイナリーに預けてワインにしてもらう、委託醸造という方法が「自分のワイン」をつくる早道です。

収穫したブドウは、もちろんそのまま売ってしまうことも可能です。ワイン専用品種のブドウはほとんど市場に出ないので、売ると言えばワイナリーはよろこんで買うと思いますが、価格はよくて1キロ300円程度。生食用の人気品種とは較べものにならないくらい安く、1ヘクタールの畑から6〜7トン収穫したとしても年間の売り上げは200万円に過ぎません。経費を考えれば、それだけでは生活が成り立たないでしょう。

委託醸造をすれば、1本当たり1500円前後の委託醸造料をワイナリーに支払わなければなりませんが、できたワインに自分のラベルを貼り、小売酒販免許を取得して、自分が決めた価格で販売することができるのです。1本3000円から3500円で売れるワインが造れれば、委託醸造だけでも暮らすことは可能です。

ワイナリーを建てる

委託醸造では、表のラベルは自由にデザインできますが、裏のラベルには委託したワイナリーの名前が入ります。それに、自分が理想とするワインは自分で醸造しなければ造ることはできないと、多くの人が考えると思います。委託したワイナリーで醸造の作業を多少は手伝うとしても、できるワインはそのワイナリーの醸造家の作品になってしまうからです。

農地を手に入れ、植えた苗木が順調に育って安定した収穫ができるようになるまで約5年。苗木代（1本1000円以上）と支柱など資材の代金、軽トラやトラクターや消毒用機材などの購入費だけでも相当の出費で、しかもその5年間は無収入だとすると、マイホームの一軒くらい優に建てられるレベルの資金が消えるはず。そのうえこれからワイナリーを建てるとすると……

小さな建物で、醸造機械も中古を中心に……と節約を考えても、ワイナリーを新設するには3000万円以上かかるでしょう。まともにやればボトリング装置までを含めた機械だけで5000万円。カフェかレストランを併設するなら最低でも1億円は必要です。公庫からの制度融資に支援者からのリアル＆クラウドファンディング……資金集めは可能ですが、そのためには信用を得るための努力と支援層を開拓するための時間が必要です。

醸造ができる人

日本には醸造士という資格はなく、そのための試験もありません。
だから免許を取れば素人でも醸造ができますが、
実際には誰か「醸造ができる人」がいないと免許は下りません。

ワイングロワー

単にワインを「つくる」だけの「ワインメーカー」（醸造専門家）に対して、
ブドウからワインまでを一貫して「育てる」人を、
私たちは「ワイングロワー」（栽培醸造家）と呼んでいます。

空飛ぶワインメーカー

栽培は自分の畑で5年も経験を積めばいちおうできるようになりますが、醸造の技術を独学で身につけるのは難しいと思います。委託醸造の過程で実習をさせてもらうか、どこかのワイナリーに研修生（インターン）として潜り込むか、なんらかの方法で3〜5年は現場で修業することが必要です。醸造は年一回ですが、季節が反対のニュージーランドやオーストラリアで（労働許可は取れなくてもワーキングホリデーなどを利用して）学ぶことができれば経験は倍増します。

最近は小規模ワイナリーの起業が多いので、「醸造ができる人」が本当にいるかどうか、免許の審査（酒造に関する許認可は国税庁の管轄で、その地域の税務署が免許を交付します）が厳しくなりました。もちろんブドウ農園主やワイナリー経営者が同時に醸造家である必要はないので、醸造技術者を雇用する、あるいはコンサルタントとして迎え入れる、ということは可能です。

フリーの（自分のワイナリーを持たない）醸造家は日本ではまだ少ないのですが、これからは外国で学んだ日本人や日本語のできる外国人の「フライング・ワインメーカー」（世界各地を渡り歩いて醸造の仕事を請け負うプロ）が増えてくると思います。いや、それでは嫌だ（あるいは他人を雇用する資金がない）というなら、最低3年できれば5年、しっかり勉強して実績と信用をつくり、自分でワインを造りましょう。

ワインは農家が造るもの

セカンドキャリアで40代なかばからワイン造りに転じる人びとに対して、「そんな素人にワインが造れるわけがない」とか、「ワイン造りをそんな簡単に考えられては困る」とかいう意見が、古くからワイン生産に携わる業界関係者やその周辺から聞こえてきます。が、もともとワイン造りは専門家の仕事ではなく、ブドウを栽培する農家が農閑期にやる仕事だったのです。

ブドウを潰して暖かい場所に置いておけば、自然に発酵してワインになります。もちろんそれでできるのは酸っぱくてすぐに変質するワインです（それでも日本では発酵がはじまった瞬間に酒税法違反になります）が、基本的にはワインは「つくる」ものではなく、ブドウ果汁が自然の営みによってワインに変化する過程を「見守る」だけの仕事だと、多くの醸造家が述懐しています。

日本酒は製造工程が複雑なので、杜氏という専門の技術者集団が原料のコメを栽培する農家とは別個に存在しました。が、ブドウがそのまま酒になるワインでは、原料ブドウの個性や品質が直接作品に反映する（だから飲んだだけで原料ブドウの品種を当てることができる）ので、丹精込めてブドウを栽培してきた農家が、その思いを込めて、自分で育てたブドウを自分でワインにするのが理想です。ブドウを育てながら、理科系が弱い人はまず高校の化学の教科書を読むところから勉強をはじめてください。

ワインの名前を考える

自分でワインを造ろうと思っている人なら、
きっとブドウの苗を植える前から、
ワインの名前やラベルのデザインを考えていることでしょう。
現実を忘れて夢想にふける時間は楽しいものです。

ワイナリー経営を考える

ワイナリーを建てる場所は、
畑の土地を探すときから考えているはずですが、
資金調達から返済計画まで、
これからの現実的な経営についても考えておきましょう。

ワイン特区と表示ルール

果実酒製造免許を取得するには、最低6000リットルの生産量が義務づけられています。が、ワイナリーをつくる地域が「ワイン特区」なら、3分の1の2000リットルで免許が下ります。ボトル（750ml）にして3000本のワインを造るブドウの量は、1ヘクタール以下の畑でもまかなえます。すでにブドウ栽培をはじめている農家が「小規模ワイナリーをつくりたい」と言って手を挙げ、市町村が国に申請してくれれば、「ワイン特区」になる道が開けます。

2018年からワインの名前の表示ルールが改正され、「日本ワイン」（100パーセント日本国産のブドウを原料として日本国内で醸造・瓶詰されたワイン）という名称が正式に認知されると同時に、特定の地域の名前を冠したワインはその地域内でできたブドウを85パーセント以上使わなければならない、ということになりました。東京都内で栽培されたブドウを85パーセント以上使っていなければ、「東京ワイン」とは名乗れないわけです。

自分のブドウでワインを造ろうとしているワイングロワーには関係のない話かもしれませんが、自分のブドウだけでは免許基準を満たす量に足りないとき、誰かからブドウを買ってワインを造らなければならないこともあるので、いちおう覚えておきましょう。「買いブドウ」の対象はアメリカ系品種かそのハイブリッドが多く、値段はヴィニフェラ種の半分くらいです。

マーケティング戦略とは

私は長野県東御市で「千曲川ワインアカデミー」という、ブドウ栽培・ワイン醸造・ワイナリー経営を教える講座を開いていますが、そこで最初に訊くのは、「あなたは人生のどこでワインと出会ったのか」、「なぜブドウを育ててワインを造りたいと思うようになったのか」という2点です。そして一連の講義が終わった後に訊くのは、「ブランド哲学（あなたはどんなワインを造りたいのか）」と「マーケティング戦略（それをどうやって売るつもりか）」の2点です。

受講生は県外からも来ますが、東御市とその周辺の8市町村は広域でワイン特区になっているので、基本的には特区要件の小規模ワイナリーを2人くらい（夫婦・家族・仲間）で経営する、というケースを想定しています。その場合、3000円から3500円で売れるレベルのワインを年間5000本生産することができれば（自家生産は委託醸造より利益率が高いので）、借金を返しながらもそれなりに充実した暮らしができるだろうと考えています。

3000円から3500円のワインを売ることは、そう簡単ではありません。が、それまでの人生をなげうってワイングロワーの世界に飛び込んだ理由、そこに至るまでの物語と実際にはじめてからの苦労、どのような考えからこのワインが生まれ、そのためにどのような栽培と醸造の方法を選んだのか……と、30分くらい熱意を込めて語った後にそっと背後からワインを取り出せば、少しくらい高くてもきっと買ってくれるに違いありません。

除梗破砕機

　房ごと収穫したブドウは、まず除梗破砕機という機械にかけ、果粒についている「梗」（緑色の軸）を取ると同時に軽く破砕する……というのが「慣行的な」（これまでやってきた）手順です。

果汁プレス

除梗破砕機から出てきた、梗が除去されて果皮が破けた状態のブドウを、
次に搾汁機（プレス）にかけて搾り、果汁にする……
というのが「慣行的な」（これまでやってきた）手順です。

梗は残すか捨てるか

ワイン造りはシンプルに言えば、「ブドウを潰して果汁を発酵させ、発酵が終わったら寝かせておく」というだけの仕事です。が、そのシンプルな過程の中の、あらゆる段階で選択と決断を迫られます。ブドウがワインになるのを見守り、育てる、という仕事は、そこにワイングロワーがどう介入するかで結果が違ってくるからです。ある意味では、子育てと同じかもしれません。

ブドウを潰す、といっても、やりかたはいろいろあります。除梗破砕機にかけると、回転するドラムに開けられた丸い穴から果粒だけが飛び出して果皮が破れ、梗は千切れて機械の外に排出される。破砕されたブドウはプレスにかければ簡単に果汁になる。というわけですが、収穫したブドウをそのまま（梗がついた房のまま）プレスに放り込んでも、潰すことはできます。あるいはタンクに放り込んで積み重ねれば、自重で潰れて果汁が溜まります。

慣行的なやりかたでは、梗は取り除くもの、と考えますが、梗をつけたまま潰して発酵させると違った風味のワインができる、と言ってそうする人も多くなりました。破砕せずに房のままプレスにかけて発酵させる「全房発酵」を試みる人もいれば、除梗はするが機械は使わず、穴の開いた板の上でブドウを転がして梗を取る「手除梗」を試みる人もいます。梗を全部取るのと、半分取るのと、全然取らないのと、できたワインの風味はどう違うか……。

足で踏むように搾る

果汁をどう搾るかでもワインの風味は違ってきます。昔は、ブドウを足で踏んで潰しました。いまでも外国のワイン祭りでは、民族衣装を着た若い女性が桶に入ったブドウを足踏みでプレスする光景を見ることがあります。量の少ないファーストヴィンテージなら、乙女ではなくても、未使用の長靴を履いてブドウを踏み潰す儀式を楽しむことはできるでしょう。

プレス機には、おおまかに分けて「バスケットプレス」と「バルーン（メンブラン）プレス」があります。バスケットプレスは、大きなバスケットにブドウを入れ、上から押して搾る方式です。バスケット（籠）の名の通り、円筒形の側面にはスリットが入っており、搾られた果汁はその隙間から排出されて下に溜まります。どちらかというと原始的な方法ですが、原理はそのままに最新の技術でシステムを改良したものもあり、この方法で搾るほうが自分のワインには合っている、という人もいます。

バルーン（メンブラン）プレスは、回転する円筒の中に柔らかい素材でできたバルーン（風船）のような膜（メンブラン）が入っていて、風船が萎んだ状態のときにブドウを投入し、徐々に膨らむ風船が円筒の内壁にブドウを押しつけていく、という方式。壁に手でゆっくりと押しつけるのは、足で踏むのと同じかそれよりも穏やかで、要するにブドウにストレスをかけずに搾るのがいちばん、という考えです。

発酵の化学

酵母が糖を食べてアルコールと炭酸ガスに分解する、というのが、
ブドウがワインになるときの基本的な化学反応（アルコール発酵）です。
発酵途中の潰したブドウを掻き混ぜる作業をするときは、
炭酸ガスを吸い込んで倒れないよう気をつけましょう。

酵母の選定

果皮には天然の自然酵母がついているので、
潰したブドウを放っておけば自然に発酵しますが、
発酵が途中で止まったり雑菌が増えたりしてワインが変質しないよう、
培養酵母を加えて確実な結果を得る方法が考え出されました。

白いワインと赤いワイン

搾った果汁は、タンクや木樽に入れて発酵させます。ワイン造りの要諦はできるだけブドウにストレスをかけないことなので、プレスからタンク（樽）に果汁を移すときもポンプで吸い出すのではなく、タンク（樽）の上にプレスを置いて、そこから果汁が自然に流れ落ちる「グラヴィティーフロー（重力落下）」方式にしなければいけない、と主張する人もいます。

白ワインは搾った果汁をすぐに残った果皮から引き離し、タンクや樽に移して発酵させますが、赤ワインの場合は、破砕したブドウを種も皮もいっしょにしばらく漬け込んで色と風味を抽き出してから果汁を搾り、タンクや樽に移します（黒いブドウでも、搾ってすぐ果皮を引き離せば白ワインになります）。漬け込みのときは発酵途中のブドウ液の表面に果皮が浮いて固まるので、棒で突き崩して掻き混ぜる作業をおこないますが、近代的な工場ではこの工程もすべてタンクの中で自動的におこなわれるので、酸欠の危険はありません。

白ワインでも、搾った後の果皮などを果汁に漬け込んだままにしておくと、果皮や梗から淡い色と独特の味わいが滲み出ます。世界最古のワイン生産国とされるジョージア（グルジア）では、土間に埋めた素焼きの壺に潰したブドウを放り込んでそのまま自然に発酵させたワインを昔から造っていますが、近代的なキレイなワインよりそんな素朴さがよいといって、同じようにして色を出した白ワイン（オレンジワイン）を造る自然派もあらわれました。

昔はみんな自然派だった

培養酵母を使うか自然酵母を使うかが、「慣行派」と「自然派」のいちばん大きな違いになりますが、ワイン造りが近代化されて培養酵母が登場する以前は自然酵母しかなかったので、昔のワインはみんな「ヴァン・ナチュール（自然なワイン／自然派ワイン）」でした。が、自然酵母にまかせると発酵が安定しなかったり雑菌が増えたりするので、より確実に質のよいワインを造ろうとして、優良な性質をもつ酵母を選抜し、培養することがおこなわれるようになったのです。そのため、醸造家は培養酵母をその個性に応じて選ぶことによって、自分の造りたいタイプのワインを造ることができるようになりました。

一方で、ワインがその土地の個性を表現するものなら、その土地に棲みついている（おもにブドウの果皮に付着している）酵母を使わなければ意味がない、と考える人も出てきます。自然酵母に発酵をまかせれば、人為的に介入できる範囲は限られますが、それこそが「自然の営みを見守る」醸造家の仕事だと考える人たちです。

自然酵母の場合はもちろん、培養酵母を使うときでも、発酵の過程ではさまざまな化学反応が次々に起こるので、全体の進行をどうコントロールするか、ワインが変質せずに健全な状態を保つにはどうしたらよいか、一連の発酵の過程が落ち着くまでは、つねに細心の注意と的確な判断が必要な、緊張した日々が続くことに変わりありません。

ワインと硫黄の関係

ワインが酵母の作用でできることすら知らなかった昔から、
ワインを入れる前に樽の中で硫黄を燃やすと、
ワインが長もちするといわれてきました。
ワインと硫黄の関わりには不思議なものがありますが、
現代では、硫黄を燃やす代わりに
亜硫酸塩（SO_2など）を酸化防止剤として添加します。

近代化で喪ったもの

多様な要素が雑然と混ざった状態を、
不純な要素を取り除いたクリアな状態へと導くのが
「近代化」の果たす役割です。
ワインもそうして洗練されたものになりましたが、
現代人の意識では、それは「自然に逆らう」ことではなかったのか、
という反省も生まれています。

亜硫酸塩を添加する

発酵するときに生ずる炭酸ガスは、発酵途中の果汁が空気（酸素）に触れることを防ぎます。またブドウ（果汁）の中にもともと成分として含まれる微量の硫黄は、酸化を防止する機能を果たします。つまり、ブドウ果汁は発酵によって安定したワインの状態に達するように、最初から仕組まれているのです。ドライアイスを使って液面を空気から遮断したり、亜硫酸塩（SO_2など）を添加して酸化を防ごうとしたりするのは、自然の力を人間が補強しようとする試みです。

亜硫酸塩をまったく使わずにワインを造ることは、きわめて難しいと言ってよいでしょう。加熱済みの濃縮果汁を処理したり瓶詰め後に加熱殺菌したりするワインでもない限り、製造過程のどこかでかならず酸化防止剤を添加する必要に迫られるのがふつうです。亜硫酸塩はアレルギー反応を引き起こすことがあるので、使用量が多いと飲んで頭痛になる人もいますが、基本的には無害なものです。

ブドウにとっての雨のように、ワインにとっては「過剰な酸化」が天敵となります。酸化防止剤を使わずにつくった「無添加ワイン」は、ボトルの中で「過剰な酸化」の状態が早くやってくるので、長期の熟成に耐えることができません。「自然派」の中によく見られる、酸化防止剤の使用量を極端に抑えたワインも同様で、これらのワインは瓶詰めからあまり時間を置かずに飲む、「昔ながらの（近代化以前の）ワイン」に近いものと言ってよいでしょう。

どこまで昔に戻るか

ワイン農業を志す人が増えたのは、近代工業化による経済発展が行き詰まり、自然や環境に関心が向いたからでしょう。ワインの評価も、特定の高級銘柄を頂点とするヒエラルキーが崩れて、多彩な表現を多様に受け止める素地ができました。フランスの老舗名門ワイナリーも、自然や環境に正面から向き合う姿勢をアピールしはじめています。

産業革命以前は雑然と密植されていたブドウ畑も、農業機械が通れるように整然とした隊列に変わるなど、ワイン農業は近代工業化と足並みを揃えて発展し、ワインの品質もそれにともなって改良されました。が、もしそれが「自然に逆らう」ことだったとしたら……。トラクターの代わりに馬で畑を耕し、月の満ち欠けにしたがって作業をする人。ステンレスタンクより古代から使われてきた素焼きの壷がよいとする人。近代化が行き過ぎだとしたら、どこまで昔に遡ればよいのか。

栽培に関しても醸造に関しても、インターネットには膨大な情報が公開されています（海外のサイトを覗くために英語を勉強しておくことも大事です）。たとえ素人同然の新規参入者でも、自分のワインを造る前に、世界のワインの歴史と現代の取り組みを総覧して、自分の立ち位置を明確にしておく必要があります。どんなワインを、どんなふうに造りたいのか。俯瞰で捉えた立ち位置をうまく言葉で表現することができれば、強力なセールストークにもなるでしょう。

タンクと樽

ステンレスタンクで発酵を終えたワインは、
そのままタンクに入れておくか、それとも樽に移すか。
あるいは最初から樽で発酵させて、そのまま樽で寝かせるか。

コルクの栓

ボトルの栓は、コルクにするか、スクリューキャップにするか。
コルクにもいろいろなタイプがあり、
どんな栓を使うかでブランドイメージも違ってきます。

熟成という不思議な現象

発酵を終えたワインは、タンクや樽の中で熟成します。近代のワイン造りではステンレスタンクを多用しますが、新しいタイプのコンクリート槽や、内側のコンクリートの表面にガラスや花崗岩を貼った槽を使う人もいます。昔のように素焼きの壺に戻る人もいますが、最新型の壺はコンピュータ制御で、海外からスマホで壺の中の温度を管理する醸造家もいるので、なにが古くてなにが新しいのかよく分かりません。

フレンチ（またはアメリカン）オークでつくる樽は、中を焼いて仕上げます。樽に入れたワインにはその香りが移り、樽香があるワインは高級品とされてきました。昨今は、強い樽香を嫌う人が増えたので、品種によってはステンレスだけで仕上げるか、樽を使う場合でも香りが弱まった古い樽を多くするなど、繊細な風味を求める現代人の嗜好に合わせるようになってきました。

樽によってつく風味が異なり、ステンレスタンクでも発酵の過程で味が微妙に変わるので、同時に仕込んだワインでもロットごとにテイスティングを繰り返し、それぞれをブレンドして、最終的にそのワインの味を決めることになります。自分の理想のワインに近づけるためにも、正確なテイスティング能力が必要です。それも、試飲することによって製造過程の瑕疵を発見できるような、造り手の視点からのテイスティング能力が要求されます。

スクリューキャップ時代

ワインがなぜボトルの中でも熟成するのか、まだ解明されていません。長いことそれは「きわめて緩慢な酸化」ではないかといわれており、コルク栓がごくわずかの空気を通すからだと説明されてきましたが、実は、コルクの密閉性は限りなく100パーセントに近いことが、最近の研究で分かったそうです。ボトルの首のところに残った空気だけが、熟成に寄与するのでしょうか。

コルクは、コルクガシという樫の木の樹皮からつくります。コルクガシの樹皮は9年経つと3センチくらいの厚さになるので、剥がしてくり抜いたものが天然のコルクです。ポルトガルを中心にイベリア半島などの南欧と北アフリカにしか生育しないので、生産量が限られます。端材をチップにして圧搾したものや、樹脂を使った合成コルクなど、安い代替品も出回っています。

スクリューキャップを使うメーカーが、いま急速に増えています。コルクのようにつねにボトルを横にしてワインに触れさせておく必要もなく、嫌な匂い（コルク臭）がつく心配もありません。清潔で扱いやすい上に、最近は100パーセント密封するものだけでなく、わずかに空気を通す透過性をもつタイプもあるので、熟成をめぐる心配もなくなりました。スクリューキャップの時代が来て困るのは、抜栓の儀式ができなくなるソムリエさんくらいでしょう。

ワインに値をつける

さて、健全なブドウが収穫でき、
発酵も順調に終わってブレンドを済ませたワインが、
熟成期間を経てリリースできる状態になりました。
では、このワインはどのくらいの価格で売ったらよいでしょうか。

ボトリングトラック

もう少しワイン産業が成熟して、
トラックでワイナリーを巡回してボトリングだけを請け負う会社や、
共同で利用できる醸造所や貯蔵施設などの施設ができれば、
ワインの価格は確実に安くなります。

日本ワインは高いのか

750ml ボトルの瓶代に、スクリューキャップまたはコルクとカプセル（キャップシール）の代金、ラベルの紙代と印刷代（デザイナーにデザインを頼んだ場合はデザイン料も）、それに原料ブドウの価格をキロ 300 円と仮定すれば、1 本のワインの原材料費は 1000 円にもなりません。が、自社畑で栽培したブドウは資材費や人件費を含めるとキロ 600 円以上はする計算になり、さらにワイナリー建設時の建築費や醸造機器の購入費の減価償却も考えなければならないとしたら……

日本ワインは、大手メーカーが大量生産をしない限り、1 本 1000 円で売る価格設定はできません。小規模ワイナリーの場合は、いくら安くしても 2000 〜 2500 円が限度で、すでに述べたように、本当は 3000 円〜 3500 円で売れないと採算が取れないのです。それも、卸売業者にマージンを取られない、店頭か通販での直接販売が望ましい。

日本ワインは高い、と、一般的には言われていますが、果たしてそうでしょうか。海外から輸入されるワインには驚くほど安いものもありますが、日本ワインよりはるかに高いワインもたくさんあります。ワインの価格は付加価値なので、原材料コストと直接の関係はなくてもよいのです。強気の値付けをしても、その価格で買ってくれる人が必要な数だけいれば、それでビジネスは成り立ちます。が、飲んで高過ぎると思われたらオシマイなので、値付けは慎重に考えましょう。

注目される次世代産業

ワイン産業は初期投資が極端に大きく、リターンを得るのに長い時間がかかるビジネスです。高価な醸造機器を買い込んでも実際に使うのは1年のうちせいぜい2ヵ月。できたワインは在庫となって無駄にスペースを占拠します。まさに効率の悪い事業ですが、ベースが農業であるだけに、拡大はできなくても確実に持続するのが特徴です。工業化の先行きが見えなくなったいま、世界では6次化農業の先端を行くワイン産業が注目を集めています。

日本にはまだボトリングトラックは1台もありませんが、世界の新しいワイン生産国では積極的な投資がおこなわれ、ワイナリーの数が飛躍的に増えると同時に、大型機械をレンタルする事業、ワインを貯蔵するウェアハウス事業、ITやAIをワイン農業に活用する事業など、それぞれの分野で請負会社による水平分業がおこなわれるようになっています。必要なすべての機器や施設をひとりで揃えなくてもよくなれば、1本2000円前後の日本ワインが増えるでしょう。

千曲川ワインバレーを初めとして、日本ではいま続々と小規模ワイナリーが増えています。それに続こうとする新規参入希望者も、まだまだ途切れることがありません。ブドウ畑とワイナリーが増えるだけでなく、ホテルやレストラン、ブランドショップ、旅行やイベントを企画する会社など、ワイナリー観光に集まる人たちをもてなす仕事も、大きく発展することが期待されます。

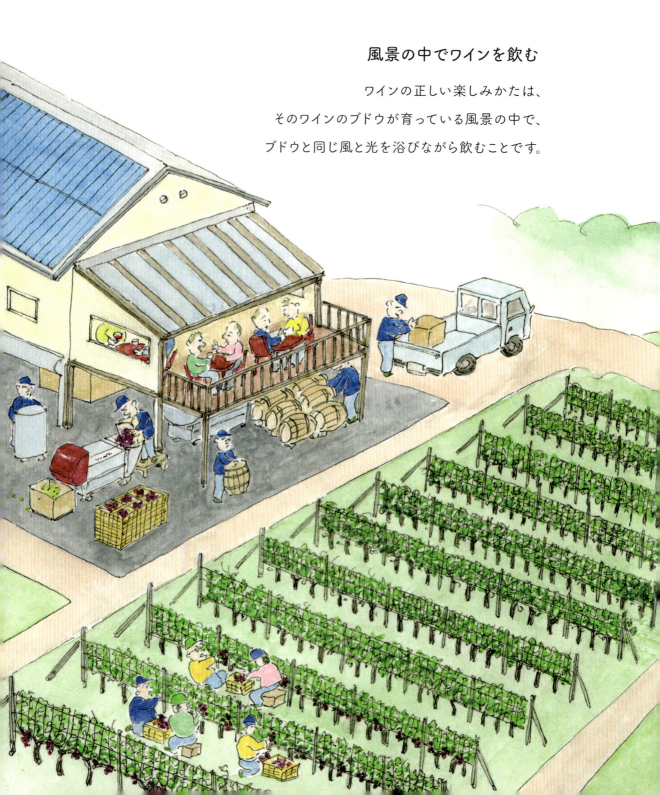

風景の中でワインを飲む

ワインの正しい楽しみかたは、そのワインのブドウが育っている風景の中で、ブドウと同じ風と光を浴びながら飲むことです。

楽しいワインヴィレッジ

いくつものブドウ畑とワイナリーがある広い空の下に、
カフェ、ショップ、レストラン、プチホテルなどが点在するワインヴィレッジでは、
住んでいる人と訪れる人が、思い思いにワインを囲みながら楽しんでいます。

ワイナリー観光は農業を訪ねる旅

新しい小規模ワイナリーがつくるワインは、本来、そこへ来て飲んでもらうものです。実際、年産5000本前後の特区要件ワイナリーでは、リリースしたワインの大半は、畑をつくる頃から手伝いに来ていた仲間や支援者のサークルで消費され、卸売りもしないので一般の酒販店ではめったに手に入りません。

人手が足りない小規模ワイナリーでは、畑や仕込みが忙しい時期は来客があっても応対すらできないものですが、地元のワインを扱う販売施設もできてきたので、産地を訪ねれば稀少なワインに出会うことができます。それに、ブドウ畑の風景を見るとワインに対する見方も変わるもので、ワイナリー観光で日本ワインのファンになる人も多いようです。

ワイナリー観光というと、巨大な観光施設で食事をして安いワインを買って帰る、という、古いイメージを持っている人もまだいるかもしれません。が、新しい小規模ワイナリーを訪ねる観光は、ワイン農業が営まれている現場に行き、そこで暮らす人々との交流を楽しむ旅なのです。ワイナリー観光をきっかけに地元の人と縁ができ、その地域への移住を考える人も少なくありません。

ライフスタイルワイナリーの集積

ワイン産業は裾野が広く、農業、製造業、サービス業、一次二次三次の各産業に果実をもたらす、代表的な6次化産業です。だからいま諸外国では投資家が熱い視線を注いでいるのですが、日本はまだ、ブレーク前夜、というところでしょうか。

ワインはそのブドウが育つ土地の価値を表現するものですから、よいワインができる土地にはたくさんのワイングロワーが集まり、ワイナリーが集積します。するとそこへ観光に行く人も増え、ワイナリーは集積することによってスケールメリットが生まれるので経営が安定し、観光客も楽しめる施設が増えるのでより満足するようになるのです。そうして、20軒しかなかったワイナリーが数年にして100軒を超えるような、ドラスティックな変化が世界各地で起きています。

とくに日本の場合、キャリアの途中で新天地を求めてワイン造りに身を投じる人が多いので、それまでの経験をワイン造りに生かした独自の「物語」を紡ぐことができるのが魅力です。ワイン造りがセカンドキャリアではなくデュアル（二重の）キャリアとなって両方が生きるのです。ライフスタイルワイナリーがこれほど集積する国は、世界でも珍しいと思います。

舵のない小船で漂う旅

どこにあるのかすら分からない理想のワインを求めて、大きな海に舵のない小舟に乗って漕ぎ出してゆく。育てたブドウがワインに変わるという、自然の営みをただ見守るだけの仕事なのに、あらゆる瞬間に選択と決断を迫られ、できたワインがようやくボトルに収まってからも、時間とともに変化する熟成の行方を見定めようとテイスティングを重ね、海の流れに翻弄されながら漕ぎ進む。そんな先の見えない旅の面白さに魅せられ、生きている実感を自分の手でつかもうと、自然の中の暮らしに毎年多くの人が飛び込んできます。彼ら彼女らの絆は強く、いつもワインを飲みながら語り合い、笑い合い、励まし合い、自分たちの挑戦が次の時代を拓くことを信じています。

ワインは飲むより造るほうが 100 倍面白い

あのときああすれば違った味わいになったのに、そんなやりかたがあるなんて知らなかった、来年は新しい方法に挑戦しよう。自分たちの造ったワインを飲みながら、グロワーたちの話は尽きません。パソコンの数字を操って実体のないおカネを動かす仕事や、他人がつくったものを右から左へ捌くだけの仕事に飽きて、一から自分でつくったものを人に届け、太陽と土をメディアにした自分だけのアート作品を、楽しみながら評価してもらう。その声がまた励みになり、明日からまた続く労働を支える元気が出る。自分でワインを造る前は、ワインは飲むより造るほうが 100 倍面白いなんて、まったく想像もしていなかった……。

あとがき

　ワイナリーのブドウ畑を訪ねる人は、時期による風景の違いに驚きます。緑の葉枝が頭の上まで繁っている夏と、黒くて太い、腰あたりまでの低い幹だけが並んでいる冬と。剪定が終わった畑を見て、去年来たときは背が高かったのに、どうしてあんなに短くなってしまったのですか、と心配する人もいます。秋に来れば樹に実っているブドウを見ることができ、タイミングがよければ収穫を手伝ったり、仕込みの情景を眺めたりすることもできますが、そうすると今度は、そのブドウがどんなふうにしてワインになるのか、知りたくなる人もいるでしょう。

　そんな人たちのために、栽培と醸造の過程を簡単に説明した絵本を描こうと、ずっと以前から考えていました。が、どんな絵を描こうかと迷っているうちに6〜7年が過ぎてしまい、そのうちに、ちょっと事情が変わってきました。ワイナリーを訪ねてくる人の中に、自分もブドウを育ててワインを造る「ワイングロワー」になりたい、と言って相談に来る人が増えたのです。

　2011年の大震災の影響もあるのでしょうか、都会でこのままストレスの多い生活を続けるより、自然に囲まれた田舎で穏やかに暮らしたい、人生の後半は自分が本当にやりたいことに取り組んで、悔いのない一生を送りたい、と考える人が多くなったようです。

私は 2015 年に、新規就農者からの醸造委託を受ける基盤ワイナリー「アルカンヴィーニュ」と、栽培・醸造・ワイナリー経営を教える講座「千曲川ワインアカデミー」を開設しました。人生のどこかでワインと出会い、飲むことを楽しんでいるうちに、いつしか塀の上で足を踏み外して、飲む側から造る側に落ちてしまう、そういう人たちが怪我をしないようにする仕組みです。

　私はいつも、新しい挑戦は「やってみなければ分からない。だからやってみる価値がある」と考えているので、そういう人たちにも同じ言葉をかけて背中を押してから、「でも決断は自己責任ですからね」と釘を刺すのですが、それでも開講以来 5 年間で受講生は 120 名を超え、1 期生からはすでに 3 人のワイナリーオーナーが誕生しています。

　そんな事情の変化から、この本は、そこまで決断するほどではないけれど、自分もワイングロワーになれたらいいなあ、と漠然と思っている人にも役に立つように、新規参入者の参考になる情報も盛り込みました。その結果、絵本というより、イラストつきエッセイ、みたいな本になりましたが、文章を書いているうちに、アカデミー 5 年間の経験を集約した、私のワインに関する現在の考えかたを表明する本にもなりました。

2019 年　ブドウの葉の繁る季節に
玉村豊男

千曲川ワインアカデミー　www.jw-arc.co.jp

玉村豊男（たむら とよお）
1945年、東京生まれ。東京大学仏文科卒業。在学中にパリ大学言語学研究所に留学。
『パリ 旅の雑学ノート』『料理の四面体』をはじめ、精力的に執筆活動を続ける。
長野県東御市に「ヴィラデスト ガーデンファーム アンド ワイナリー」を開設。
ワイナリーオーナー、画家としても活動中。著書に『隠居志願』（東京書籍）、
『千曲川ワインバレー――新しい農業への視点』（集英社新書）ほか多数。

ブックデザイン：東京書籍デザイン部

ぼくのワインができるまで

2019年7月5日　第1刷発行

著　者　玉村豊男
発行者　千石雅仁
発行所　東京書籍株式会社
　　　　東京都北区堀船2-17-1　〒114-8524
　　　　03-5390-7531（営業）／03-5390-7508（編集）

印刷・製本　図書印刷株式会社

Copyright © 2019 by Toyoo Tamamura
All rights reserved.　Printed in Japan
ISBN978-4-487-81194-6 C0095

乱丁・落丁の際はお取り替えさせていただきます。
本書の内容を無断で転載することはかたくお断りいたします。